EXTRAIT DU RAPPORT

SUR

LE CONCOURS

POUR

LE PERCEMENT DES PUITS FORÉS

A L'EFFET D'OBTENIR

DES EAUX JAILLISSANTES

APPLICABLES AUX BESOINS DE L'AGRICULTURE

PAR M. LE Vte. HÉRICART DE THURY.

PARIS,

IMPRIMERIE DE Mme. HUZARD (NÉE VALLAT LA CHAPELLE),
Rue de l'Éperon-Saint-André-des-Arts, n°. 7.

1834.

(Extrait des *Mémoires de la Société royale et centrale d'agriculture*, année 1831.)

EXTRAIT DU RAPPORT

Sur le concours pour le percement de puits forés à l'effet d'obtenir des eaux jaillissantes applicables aux besoins de l'agriculture ;

Par M. le Vicomte HÉRICART DE THURY.

Messieurs, les avantages que l'agriculture et les arts industriels retirent des puits forés sont aujourd'hui trop bien connus et trop généralement appréciés pour que je vous en retrace ici le tableau; mais ce que je ne puis ni ne dois passer sous silence, ce sont les nouvelles applications qu'a reçues cette branche d'industrie, qui a fait tant de progrès les années dernières.

Ainsi, M. le baron de Cressac, ingénieur en chef des mines, nous a fait connaître un fait important qui mérite de fixer votre attention. Un particulier des environs de Loudun, ayant obtenu du préfet de la Vienne la sonde du département, a fait chez lui un sondage qui lui a procuré une belle source jaillissante d'un mètre de hauteur, tellement abondante qu'il l'a appliquée au mouvement d'un moulin qu'il a fait construire.

En Prusse, un propriétaire d'usine, frappé de la différence de température des eaux jaillissantes d'un puits foré qu'il voyait fumer en hiver (elles étaient à 16° centigrades), quand la rivière qui faisait tourner sa fabrique , arrêtée par la gelée, en suspendait le mouvement, imagina un jour d'élever les eaux de ce puits au dessus de sa roue, pour faire fondre les glaçons qui l'arrêtaient, et il vit depuis, à sa grande satisfaction, comme à l'étonnement général de tous les autres fabricans du pays, sa roue ne plus geler, son usine ne plus éprouver de chômage, et ses travaux ne plus cesser un moment d'être en activité, quelle que fût l'intensité du froid, quand toutes les autres fabriques étaient *à joc* (1).

M. *de Hartmann,* conseiller d'État, président de la Société centrale de l'industrie nationale du royaume de Wurtemberg, a délivré, le 24 septembre 1830, à M. le chevalier *de Bruckmann* un certificat attestant qu'il a établi dans ce royaume un grand nombre de puits forés ; que les eaux en sont employées, tant pour la boisson que comme force motrice ; que, dans plu-

---

(1) *Journal polytechnique de Prusse.*—*L'Industriel* ou *la Revue des Revues.* Bruxelles, février-mars 1831.

sieurs usines, il les a élevées au dessus des roues hydrauliques, pour empêcher la glace de s'y former en hiver ; enfin, que S. M. le roi de Wurtemberg, sur le rapport qui lui a été présenté, a décerné une médaille d'or à M. *Bruckmann* pour les utiles et nombreuses applications qu'il a faites des eaux des puits forés dans les usines et manufactures de ce royaume. Cet habile mécanicien a, en effet, établi dans les environs de Stuttgard et de Heilbronn un grand nombre de puits forés, dont il a fait circuler les eaux dans les ateliers pour les échauffer en hiver, et au moyen de la simple circulation de ces eaux à la température de 12 degrés, ces ateliers ont été constamment maintenus à 6 ou 8 degrés, quand au dehors le thermomètre était à plus de 18 degrés au dessous de zéro (1).

Dans le département du Nord, les habitans des communes de la vallée de la Scarpe vont rouir les *lins de fin*, destinés aux batistes et aux inimitables dentelles de Valenciennes, dans les eaux des puits artésiens, dont la limpidité

---

(1) Rapport fait à la Société centrale de l'industrie nationale du royaume de Wurtemberg sur les puits forés des usines de MM. *Gustave Schauenfete* et de MM. *Rauch* de Heilbronn.

et la température douce et constante facilitent la dissolution des gommes-résines du lin, sans jamais leur faire éprouver aucune altération (1), comme les eaux infectes et corrompues du routoir généralement en usage.

Ailleurs, des papeteries dont souvent les travaux étaient interrompus lors des crues d'eaux de rivières, à cause des sables ou des limons que leurs eaux déposaient dans les cuves et les chaudières, ne se servent plus actuellement que des eaux jaillissantes des puits forés, de manière à pouvoir travailler toute l'année, l'hiver comme l'été, avec des eaux constamment limpides, abondantes et toujours au même degré (2).

Des agronomes et des horticulteurs, par la simple circulation des eaux de puits jaillissantes, maintiennent leurs serres à une température douce et constante, de manière à ne plus être obligés de les chauffer.

Quelques jardiniers - maraîchers, en Alle-

(1) Note communiquée par M. le chevalier *Bottin*, ancien secrétaire général du département du Nord, membre de la Société royale et centrale d'agriculture.

(2) La papeterie de Courtalin, celle du Marais, celle d'Echarçon-sur-l'Essonne, etc.

magne, ayant remarqué la belle végétation du cresson sur les sources surgissantes de fond dans les ruisseaux, ont établi des cressonnières artificielles dans les eaux de puits forés, et bientôt cette nouvelle branche d'industrie horticole, jusqu'alors inconnue, a été exploitée avec un succès inespéré (1).

Des propriétaires qui, tous les ans, perdaient, pendant les grandes chaleurs de l'été, le poisson de leurs étangs, faute de sources pour les rafraîchir, ont obtenu, par des puits forés, un moyen sûr et infaillible d'éviter ce grave inconvénient, comme ils y ont au contraire trouvé l'avantage de maintenir en hiver les eaux de leurs étangs à une douce température.

Le roi de Sardaigne a proposé trois grands prix pour les trois premiers puits forés qui seraient établis dans ses États. M. le conseiller *Grégory* vient de nous faire connaître l'important résultat obtenu par le chevalier *Berton Sambuy*, près d'Alexandrie, chez madame *de Sambuy*, où, après bien des difficultés, il est

(1) *Le Temps*, 13 juillet 1836, art. MÉLANGES : *Puits artésiens, diverses applications de leurs eaux* : « Les cressonnières artificielles d'Erfurt donnent un revenu annuel de 295,000 francs. »

parvenu à faire un puits foré dont les eaux jaillissent à plus de 6 mètres au dessus de la surface, et sont déjà employées à l'irrigation d'un terrain fertile, mais aride, de plus de sept arpens.

Combien de villes ont établi, ou font en ce moment établir des puits forés pour remédier à l'insuffisance de leurs fontaines, ou pour obtenir des eaux pures et invariables en quantité comme en qualité, en remplacement des eaux dures et séléniteuses des puits, ou des eaux vaseuses que leur fournissaient leurs rivières une partie de l'année (1)!

Mais je ne pense pas qu'il soit nécessaire de multiplier ces exemples; je vous rappellerai seulement, Messieurs, que c'est vous qui avez

---

(1) La ville de Saint-Denis, la ville de Tours, la ville de Chartres, la ville de Nangis (*a*), la ville du Mans (*b*), etc.

(*a*) Après avoir traversé les sables fins et coulans, M. *Degousée* est entré dans des marnes grises mêlées de plaquettes. Ce sondage est en pleine activité.

(*b*) La ville du Mans. Traité avec M. *Degousée* pour descendre à 150 mètres; plus d'un tiers est déjà fait, toujours dans les sables quartzeux, séparés par des poudingues appelés dans le pays *roussards*; les sables sont maigres et coulans, et ont déja nécessité trois jeux de tuyaux. Ce sondage offre les plus grandes difficultés et un haut intérêt.

donné l'élan à cette nouvelle branche d'industrie; que, par vos efforts, une émulation générale s'est communiquée en France comme à l'étranger, en Europe comme dans le Nouveau-Monde; que partout votre appel a été entendu; enfin, que l'agriculture, les manufactures et les arts se sont emparés à l'envi de ce moyen, dont ils recueillent aujourd'hui tous les avantages.

D'un tel succès, il ne faudrait cependant pas conclure que l'art du fontenier-sondeur est infaillible, et que partout où on fait un forage on fera jaillir des eaux. Non, Messieurs, non, l'erreur serait grande : il s'abuserait même étrangement celui qui croirait à l'infaillibilité du succès des opérations de la sonde; souvent, par suite des bouleversemens souterrains, qu'il est impossible de reconnaître à la surface de la terre, elles peuvent manquer dans les terrains les plus favorables en apparence. Le succès de la sonde, je le répète, n'est pas infaillible, n'est pas toujours assuré; mais ce qui est vrai, ce qui ne peut être contesté, c'est que l'art du fontenier-sondeur n'est plus aujourd'hui une simple routine, n'est plus l'affaire du praticien ou de l'ouvrier qui perçait la terre ainsi qu'il l'avait vu percer à d'autres, sans pouvoir dire ni déterminer les motifs et les raisons qui devaient décider un percement dans telle localité plutôt que dans une autre ; c'est que cet art est devenu une science véritable, une science exacte et positive, puisqu'il est reconnu qu'un fontenier-sondeur ne peut opérer avec quelque espoir de succès qu'autant qu'il possède les connaissances géognostiques nécessaires pour bien déterminer le gisement des eaux souterraines qui appartient à telle nature de terrain, et qu'ainsi un sondeur expérimenté peut affirmer d'avance s'il y a probabilité de succès dans tel ou tel terrain.

L'an dernier, après avoir distribué deux prix et décerné une médaille d'or pour le percement de puits forés, vous avez décidé, Messieurs, que le concours pour le premier prix serait prorogé jusqu'à ce que les concurrens fussent parvenus à prouver, par des puits jaillissans, qu'ils ont vaincu les difficultés que jusqu'alors avaient opposées soit le percement de la craie et des sables verts qui sont au dessus, soit celui des marnes et argiles inférieures, soit, enfin, celui des calcaires oolithique et jurassique.

Plusieurs sondeurs ont entrepris des puits

forés, les uns dans la craie, d'autres dans les argiles inférieures, et d'autres, enfin, dans les calcaires oolithique et jurassique.

M. *Degousée*, ingénieur civil et entrepreneur de sondages, rue Chabrol, à Paris, qui avait été mentionné honorablement dans votre dernier concours, après avoir entièrement percé la formation craïeuse à Tours, est parvenu à obtenir des eaux jaillissantes; mais, avant de vous parler de ce puits foré, je crois devoir vous faire connaître les travaux de M. *Degousée*.

Après un grand nombre d'essais dans divers pays, cet ingénieur a senti qu'il ne parviendrait à entreprendre avec succès l'établissement de puits forés qu'autant qu'il connaîtrait la nature ou la constitution physique des pays dans lesquels il était appelé à opérer; il s'est en conséquence appliqué à l'étude de la géologie en même temps qu'à celle de la mécanique. Aucun sondeur n'a peut-être fait plus d'essais, plus de tentatives que cet ingénieur, et surtout de tentatives plus difficiles et plus dispendieuses: aussi dit-il franchement que ce n'est qu'à force de sacrifices, à force d'essais bien souvent infructueux, qu'il est parvenu à entreprendre les puits forés sur des données positives, qu'il n'a pu trouver que dans la géologie. Ses opérations, faites sur différens points de la France, dont la constitution souterraine était encore inconnue, sont toutes du plus grand intérêt par les connaissances qu'elles nous ont procurées sur la nature de ces pays.

Ainsi, 1°. dans le département de la Haute-Marne, à Riaucourt près de Chaumont, il nous a fait connaître la présence du calcaire jurassique jusqu'à 90 mètres de profondeur; tandis que dans le département de la Vienne, au Biard près de Poitiers, il a atteint le terrain primitif à 47 mètres au dessous de ce même calcaire jurassique.

2°. Dans le département de Seine-et-Marne, il a percé jusqu'à 100 mètres dans la craie, à la Brosse-Montceaux, sans y reconnaître aucun indice de la fin de ce dépôt; tandis qu'à Tours il a atteint à 71 mètres les sables et les grès de la glauconie inférieure à la craie.

3°. Dans le département de Seine-et-Oise, à Saint-Gratien près d'Enghien, de 15 mètres de profondeur, et de dessous les calcaires lacustres, il faisait jaillir les eaux à la surface; tandis qu'à Montgermont, près de Ponthierry (Seine-et-Marne), il trouvait encore ces mêmes calcaires à plus de 60 mètres, sans aucun indice de changement du terrain.

4°. A Cormeilles, département de Seine-et-Oise, à 72 mètres de profondeur, il a constaté dans les plâtres un courant souterrain très rapide, qui faisait osciller la sonde comme un balancier de pendule. Ce sondage a en outre présenté le phénomène d'un dégagement considérable de gaz hydrogène sulfuré, qui a duré plusieurs jours, et qui fut même tellement fort, que les ouvriers furent obligés de suspendre entièrement leur travail le premier jour (1).

---

(1) Aux Batignolles près Paris, une conche de sables quartzeux, de plus de 13 mètres de puissance, a été rencontrée à 66 mètres de profondeur.

Dans la rue Neuve-Coquenard, à Paris, des eaux ascendantes contenues entre deux couches de calcaire grossier ont été rencontrées à 40 mètres de profondeur dans un sable jaune très fin.

Ce même ingénieur a entrepris dans la rue de la Roquette un sondage pour l'alimentation des chaudières à vapeur qui servent à l'exploitation de la raffinerie de M. *Bayvet*, dont les travaux étaient suspendus tous les mois pour débarrasser ses chaudières du carbonate de chaux dont elles se remplissaient. (Le résidu étant chaque jour de 10 litres environ). M. *Degousée* a rencontré à 25m une nappe d'eau ascendante moins chargée de carbonate de chaux que celle en usage. A 42 mètres, une seconde nappe; enfin, à 50 mètres, dans des grès verts, une nappe d'une eau très abondante, exempte de carbonate

Parmi les puits forés à eaux jaillissantes que M. *Degousée* a établis, je citerai particulièrement, 1°. celui qu'il a fait chez M. *Cuvillier*, à Fontés, canton de Lillers, département du Pas-de-Calais. Commencé à six heures du matin, ce puits fut terminé le même jour à trois heures après midi, donnant, de 20 mètres de profondeur, un jet d'eau de 2 mètres au dessus du sol, et produisant plus de 40 mètres d'eau par vingt-quatre heures.

2°. Les trois puits percés à Saint-Gratien, près de l'étang d'Enghien, dans la propriété de M. le chevalier *Péligot*, administrateur du Mont-de-Piété. Ces trois puits, de 13, 16 et 17 mètres de profondeur, ont été percés en vingt-cinq jours. Ils donnent chacun plus de 120 litres cubes d'eau par minute : ils ont coûté au total 935 francs ; ils sont destinés à alimenter, à rafraîchir l'étang d'Enghien, dont les eaux sont

---

de chaux, qui s'élève et se maintient à 2m,30 au dessous du pavé, et fournit, sans baisser, plus de 5,000 litres d'eau à l'heure ; ce sondage est d'un grand intérêt pour le faubourg Saint-Antoine, qui renferme tant de machines à vapeur, dont les chaudières et tubes sont souvent en réparation à cause de l'abondance du carbonate de chaux en dissolution dans les eaux employées.

quelquefois si chaudes en été, qu'on a souvent vu le poisson y périr entièrement.

3°. Le puits de l'Hubert près de Béthune, percé en dix-huit jours, donnant, de 38 mètres de profondeur, une belle fontaine jaillissante à 1^{m},35 au dessus du sol.

4°. Le puits fait au château de madame la baronne *Olivier*, près Coire, dont l'eau jaillit de 35 mètres de profondeur à 1^{m},34 de hauteur au dessus du sol.

5°. Et le puits de Saint-Gratien-de-Tours, dont je vais vous entretenir.

Tout en dirigeant lui-même les opérations, M. *Degousée* a formé plusieurs habiles sondeurs, qui sont actuellement établis dans nos départemens ou même dans l'étranger. Il a fourni de grands équipages de sonde à Madrid, à Milan, à Turin, à l'île d'Haïti, à l'expédition d'Alger, à Tempico au Mexique, à la Louisiane, Cayenne, à plusieurs de nos Sociétés d'agriculture, etc., etc.

Enfin, rédacteur du *Journal hebdomadaire des arts et métiers* d'Angleterre, il a publié dans ce recueil une description détaillée des instrumens du fameux sondeur *Good* de Londres.

Après vous avoir ainsi fait connaître les travaux de M. *Degousée*, je passe, Messieurs, à la plus importante de ses opérations, le puits foré de Tours.

Les fontaines publiques de cette ville, dont l'établissement remonte au commencement du seizième siècle, étaient depuis long-temps devenues insuffisantes pour les besoins de ses habitans, et les eaux de la Loire, d'ailleurs de bonne qualité, ayant le grand inconvénient d'être annuellement pendant plus de quatre mois chargées d'un épais limon, le conseil municipal de cette grande et belle cité traita, le 6 septembre 1829, avec M. *Degousée* pour l'établissement d'un puits foré sur la place Saint-Gratien ou de la cathédrale, à 7 mètres au dessus de l'étiage de la Loire, 50 mètres au dessous des coteaux de cette rivière et de ceux du Cher; enfin, 100 mètres au dessous des plus hauts plateaux de la Touraine.

Les travaux du sondage commencèrent le 5 février 1830; ils ont été continués sans interruption jusqu'au 11 janvier dernier.

Les fouilles faites pour l'établissement de l'appareil et de tout l'équipage ont fait connaître [Voy. la Planche I] (*a*), d'abord $3^{m},60$ (11 pieds) de terrain de rapport ou de remblai, sous le pavé de la place Saint-Gratien; que c'était à cette profondeur qu'on trouvait l'ancien sol, la terre végétale, et au dessous les alluvions du bassin de la Loire, composées de sables siliceux, avec de gros cailloux quartzeux et des fragmens de craie peu roulés; enfin, qu'à 7^{m},07 commençait une masse de craie de 75 mètres d'épaisseur, présentant 1°. (*d*), la craie blanche, 2°. (*e*), de la craie jaune et marneuse, 3°. (*f*), de la craie dure, 4°. (*g*), de la craie contenant du silex et du sulfure de fer, et 5°. (*h*), la craie verte ou glauconie craïeuse avec des débris de coquilles de gryphées, d'huîtres et des polypiers.

A 85 mètres de profondeur, sous les 75 mètres de craie, la sonde a pénétré dans la formation des sables et grès verts de la glauconie alternant avec des marnes à polypiers, et l'a entièrement percée à la profondeur totale de 125^{m},49, à laquelle le sondage a été arrêté. C'est avec une extrême difficulté que M. *Degousée* est parvenu à traverser ces terrains. Les sables et les graviers ont souvent rempli le trou de sonde presqu'entièrement; il a fallu inventer de nouveaux instrumens pour pouvoir s'en rendre maître, et souvent les sondeurs furent au moment de tout abandonner. Mais M. *Degousée* sut se raidir contre tous les obstacles et surmonter les difficultés.

A $94^{m},61$, une première nappe d'eau ascendante s'est déclarée après le percement de la cinquième couche du grès calcaire. Elle s'est élevée dans le puits à $1^{m},20$ au dessus du niveau d'infiltration de la Loire, et y est restée stationnaire, c'est à dire que l'eau est montée à $4^{m},06$ au dessous du niveau de la place Saint-Gratien. (Voyez les Planches.)

A $112^{m},06$, sous la neuvième couche des grès calcaires à grains verts alternant avec des marnes et des sables argileux, une seconde nappe d'eau ascendante très abondante s'est élevée d'une couche de sable à gros grains, que les eaux ramenaient avec elles à plus de 15 mètres de hauteur, et qu'on a été vingt jours à maîtriser.

Enfin, le 11 janvier 1831, de $124^{m},49$ de profondeur, après le percement d'une dixième couche de grès vert, une troisième nappe d'eau a jailli avec impétuosité à 8 mètres (près de 25 p^{ds}.) au dessus du pavé de la place Saint-Gratien, ainsi à plus de 15 mètres au dessus de l'étiage de la Loire, en amenant une grande quantité de sables verts.

Ce puits qui, d'après les calculs de M. *Cormier,* inspecteur divisionnaire des ponts et chaussées, et de M. *Cadet de Limay,* ingénieur en chef du département, donne 55 mètres cubes d'eau par vingt-quatre heures, à 1m,25 (3p,10p) au dessus du pavé de la place, et 40 mètres, dans le même temps, à 2m,35 (7p,3p) de hauteur, celle du trop-plein du réservoir des fontaines de Tours, est un résultat inappréciable pour cette grande ville, qui souvent manquait d'eau pendant l'été, et vous pourrez juger de l'effet que son succès a dû y produire par la lettre que M. *Febvotte*, maire de Tours, s'est empressé d'écrire à M. *Degousée*, le 12 janvier, pour lui annoncer l'important succès qui, la veille, venait de couronner ses travaux, succès qui décida le conseil municipal à lui offrir une gratification de 2,000 francs en témoignage de sa satisfaction, et à faire percer de suite un second puits près la Tour de Charlemagne, dans un des quartiers les plus populeux de la ville (1). (Voir la Pièce justificative, N°. I, page 70.)

---

(1) Des lettres particulières nous apprennent qu'un nouveau et plein succès vient de couronner les efforts de M. *Degousée* dans le percement du puits de la Tour de Charlemagne; que les eaux ont jailli de 115m,40 (346 pieds) de profondeur à plus de 3m,75 (10 pieds) au dessus du sol, dans un tube placé provisoirement par les ouvriers,

Peu de jours après, ce magistrat adressa, Messieurs, à votre président, une lettre dé-

---

et qu'il y a tout lieu d'espérer que les eaux, plus abondantes que dans le premier puits, s'éleveront à une plus grande hauteur lorsqu'on aura définitivement placé les tubes d'ascension : nous nous empresserons de faire connaître les détails du percement de ce second puits aussitôt qu'ils nous seront parvenus. (5 juillet 1831.) Ce puits, entièrement terminé le 20 juillet 1830, avait été commencé le 15 février précédent. Comme le terrain était bien connu, il n'a été donné dès le principe que le diamètre nécessaire. Un tube en tôle forte a été descendu et scellé dans le tuf marneux à 15 mètres de profondeur, afin de couper les eaux de la Loire; ensuite le diamètre du sondage a été réduit à 5 pouces et poussé à ce diamètre jusqu'à 99 mètres, profondeur de la première nappe ascendante. A 103 mètres, une seconde nappe ascendante a été rencontrée dans les sables verts maintenus entre deux couches de grès. A 115 mètres, la troisième nappe s'élevant sans tuyaux d'ascension à 3 mètres au dessus du sol, le sondage a cessé. Les tuyaux d'ascension, de 3 p°. et demi de diamètre intérieur, ont été descendus de manière à isoler totalement la première nappe et à ne se servir que des deuxième et troisième, qui se sont élevées et maintenues dans le tube d'ascension à $9^{m},10$ au dessus du sol ou $25^{m},40$ au dessus de l'étiage de la Loire.

Les eaux ayant beaucoup plus de force dans ce second sondage que dans le premier, les sables n'ont aucunement taillée sur les opérations de M. *Degousée*, sur le résultat constaté par les ingénieurs, et sur toutes les circonstances qui lui semblaient présenter quelque intérêt. (Voir la Pièce justificative, N°. II, page 71.)

Le *Journal politique et littéraire* du département d'Indre-et-Loire s'est empressé de publier le succès du puits foré de Tours.

M. *Jacquemin*, naturaliste distingué, conservateur du Musée de cette ville, a décrit toutes les opérations du sondage, et en a rendu compte dans les *Annales d'agriculture* du département (n°. 5, tome X).

---

gêné; il a suffi à M. *Degousée* pour s'en débarrasser de remuer pendant plusieurs jours de suite les tiges dans le trou de sonde, et la force de l'eau a chassé seule une quantité considérable de sable au dessus du sol. Cette fontaine, quoique moins profonde que la première, donne néanmoins une quantité d'eau presque double.

Ce second sondage a présenté les mêmes couches jusqu'aux grès verts; mais il y a une différence notable dans l'épaisseur des couches de sables qui sont très minces dans le second puits; c'est parce qu'elle sont plus resserrées entre les couches de grès que l'ascension est plus forte et fournit une plus grande quantité d'eau.

La température des eaux des deux puits est la même, 16°,81 centigrades.

M. *Dujardin*, professeur de chimie, qui a également suivi les travaux avec M. *Jacquemin*, a fait, à la demande du maire, l'analyse des eaux de ce puits; il les a trouvées d'excellente qualité. (Voir la Pièce justificative, N°. III, page 76.)

M. *Degousée* nous a produit une coupe géologique, et la série de tous les échantillons des terrains traversés par la sonde. (Voyez la Planche I.)

Le tuyau provisoire de $0^{m},088$ (3 pouces 3 lignes) de diamètre, qui fournissait au niveau du sol une quantité d'eau évaluée de 54 à 55 mètres cubes par vingt-quatre heures (environ 3 pouces et demi de fontenier), ayant été coupé à 4 mètres au dessous du sol pour le placement des tuyaux de cuivre, le produit a tout à coup augmenté d'un tiers environ, comme on devait s'y attendre, et l'eau, limpide auparavant, recevant ainsi un accroissement de vitesse par l'effet de l'allégement de la colonne d'eau, a amené pendant plusieurs heures une grande quantité de sable fin et beaucoup de débris de végétaux et de coquilles, avec diverses espèces de graines de plantes marécageuses; le professeur *Dujardin*, qui a observé ce fait extraordinaire avec M. *Jacquemin* et M. *Octave Chauveau*, chargés de la direction des travaux, en a rendu un compte détaillé, sur lequel j'ai cru devoir fixer l'attention de l'Académie royale des sciences aussitôt qu'il est venu à ma connaissance. (Voir la Pièce justificative, N°. IV, page 79.)

Malgré tant d'autorités, quelques doutes ayant été récemment élevés sur le succès du puits foré de Tours, parce que des voyageurs passant par cette ville n'avaient pas vu jaillir ses eaux sur la place de Saint-Gratien, M. *Alex. Gouin*, adjoint du maire, a répondu aux informations prises à ce sujet auprès de lui (voir la Pièce justificative, N°. V, page 81) que non seulement l'eau de ce puits continuait à jaillir comme le premier jour, mais que même son volume était augmenté considérablement par suite de l'abaissement du tube d'ascension et de l'allégement que la colonne d'eau en avait éprouvé, ainsi que M. *Dujardin* l'avait annoncé dans le *Journal politique et littéraire*, du 3 février 1831 ; que si on ne la voyait pas présentement jaillir sur l'emplacement du puits foré, cela provenait de ce qu'elle était menée sous terre à plus de 120 mètres de distance dans le réservoir des fontaines de la ville ; enfin que, malgré toutes les sinuosités qu'éprouvaient les tuyaux et par suite tous les frottemens, les eaux s'élevaient encore à 2 mètres au dessus de la corniche du château d'eau, ou à 8 mètres (24 pieds) au dessus du pavé de la place Saint-Gratien.

Enfin, le même jour 28 mars 1831, M. le maire de Tours a adressé à la Société un certificat, N°. VI, page 86, dans lequel il atteste les mêmes faits énoncés par M. *Gouin*, son adjoint, ajoutant que la quantité d'eau n'a pas diminué et qu'elle est au contraire augmentée par les travaux que l'on achevait dans ce moment.

Conclusions.

De tout ce qui précède, il résulte, Messieurs, 1°. que M. *Degousée*, ingénieur civil, déjà connu avantageusement par l'établissement de plusieurs puits forés à eaux jaillissantes, a rempli les conditions de votre programme, puisque, dans le puits artésien qu'il vient d'établir à Tours, il a réussi à vaincre les difficultés que présentaient le percement de la masse de craie et la traversée si difficile des sables fluides et coulans des grès verts alternant avec les marnes argileuses qui recouvrent la grande formation des argiles plastiques à lignites, inférieures à la craie ;

Et 2°. qu'il a droit au prix que vous avez

réservé, l'an dernier, pour celui qui parviendrait à vaincre ces difficultés.

Décision de la Société.

La Société royale et centrale d'agriculture, après avoir entendu le rapport de sa Commission sur les opérations de M. *Degousée*, qui a établi à Tours un puits foré à eaux jaillissantes,

Considérant que, lorsqu'elle a réservé, l'année dernière, le grand prix de son concours pour l'établissement des puits forés, elle a entendu imposer, comme elle a de fait imposé aux concurrens, la condition expresse de vaincre les difficultés que leur avait jusqu'alors opposées le percement du calcaire jurassique, des marnes argileuses irisées, de la craie et des sables coulans ;

Considérant que, de ces quatre difficultés qui ont fait abandonner tant de puits forés, M. *Degousée* en a réellement surmonté deux dans l'établissement du puits foré de Tours, savoir le percement de la craie et la traversée du sable coulant, et qu'ainsi il reste encore aux sondeurs à vaincre les difficultés du percement du calcaire jurassique et celui des marnes argileuses irisées;

La Société, prenant en considération les travaux de M. *Degousée*, et tous les efforts qu'il a faits pour parvenir à remplir les conditions du programme,

A décidé qu'elle décernerait à M. *Degousée* la moitié de son grand prix du concours des puits forés, et qu'elle réserverait l'autre moitié pour celui qui vaincrait les difficultés qui restent à surmonter.

La Société a en outre décidé, 1°. qu'elle continuerait à distribuer des médailles d'or ou d'argent aux sondeurs qui, sans être parvenus à surmonter ces grandes difficultés, auraient néanmoins pratiqué de nouveaux puits artésiens dans des circonstances et avec un succès remarquables ;

Et 2°. qu'elle prierait M. le Ministre du commerce et des travaux publics de vouloir bien faire donner la plus grande publicité au beau succès du puits foré de Tours pour faire connaître aux villes et aux communes, dont les fontaines sont insuffisantes ou qui manquent d'eau, les précieuses et inépuisables ressources qu'elles trouveront dans l'établissement des puits forés, et qu'à cet effet le rapport de la Commission serait tiré à part pour être adressé à toutes les Sociétés d'agriculture et aux préfets des départemens. Paris, le 30 mars 1831.

PIÈCES JUSTIFICATIVES.

N°. I.

Le Maire de Tours à M. Degousée.

Tours, le 12 janvier 1830.

Monsieur,

Je suis heureux d'être l'interprète de tous les habitans de notre ville, pour vous féliciter du succès inespéré du puits artésien que vous avez construit place de la Cathédrale : hier, les eaux se sont élevées de 6 à 7 mètres, et aujourd'hui elles coulent à 5 mètres par un tube de 3 pouces de diamètre.

Une Commission vient d'être nommée pour constater les pouces fonteniers qu'elles pourraient donner à diverses hauteurs. Toutefois il paraît certain qu'à la hauteur de 5 mètres environ la source fournira au moins 3 pouces fonteniers d'eau, jugée, par l'analyse qui en a été faite, être d'une qualité bien supérieure à celle de nos fontaines alimentées par les sources de Saint-Avertin.

Le résultat de votre opération a paru si avantageux, que le Conseil municipal, qui partage mon opinion, vient de prendre en considération la proposition que je lui ai soumise de faire creuser un nouveau puits près la Tour de Charlemagne, dans un des quartiers les plus populeux de la ville.

Recevez, Monsieur, l'expression de toute ma gratitude pour les soins soutenus et éclairés que vous avez donnés à l'établissement d'une fontaine qui laissera votre souvenir bien long-temps dans la mémoire de nos bons habitans. Agréez en outre l'assurance affectueuse de ma parfaite estime.

FEVBOTTE.

N°. II.

Le Maire de la ville de Tours, membre de la Légion-d'Honneur, à M. Héricart de Thury, *Président de la Société d'agriculture.*

Tours, le 24 janvier 1831.

Monsieur le Président,

En vous adressant quelques détails sur les puits artésiens de Tours, mon but est de tâcher de vous mettre à même d'apprécier les travaux de sondage exécutés par M. *Dégousée* avec un soin, une intelligence, et je puis dire un désintéressement qui méritent des éloges et des encouragemens : aussi, sur ma proposition, le conseil municipal de cette ville vient-il de lui accorder une gratification de 2,500 francs et de voter des fonds pour le forage simultané de deux nouveaux puits artésiens.

La réussite complète que nous venons d'obtenir démontre que la belle vallée de la Loire, déjà si favorisée par la nature, joint à tous ses autres avantages celui de posséder des eaux souterraines jaillissantes, d'excellente qualité, abondantes et s'élevant au dessus du sol à une hauteur peut-être encore inconnue dans les autres contrées de France où les puits artésiens ont été pratiqués.

Vous reconnaîtrez facilement que je n'ai pas assez d'instruction pour vous donner les détails géologiques convenables sur la nature des couches traversées; mais un amateur des sciences naturelles, qui a suivi le travail avec un zèle éclairé, s'occupe en ce moment d'une notice à ce sujet : quand elle sera publiée, vous me permettrez de vous en adresser un exemplaire. Dès lors je dois me borner à vous donner quelques indications sommaires.

Le sondage a été poussé jusqu'à 371 pieds de profondeur. Le sol d'alluvion de la vallée de la Loire a 25 pieds d'épaisseur; ensuite se présente un banc de craie grossière, avec débris de coquilles, d'une épaisseur de 18 pieds : cette craie est dure et analogue à celle des coteaux de la Loire.

On rencontre ensuite un banc puissant de marne à silex de polypiers ; dans la partie supérieure, la marne est jaunâtre et grossière, dans la partie inférieure elle est blanche et fine.

Au dessous, on trouve un banc compacte de craie à grains verts ; on rencontre ensuite des grèves et des sables alternant ensemble par des bancs peu puissans ; enfin deux couches de marne argileuse, suivies d'une couche de sable de 10 pieds d'épaisseur, qui, aussitôt qu'elle a été atteinte, a donné lieu à la première ascension de l'eau. Cette couche se trouve à 291 pieds de profondeur. Le même terrain de grès et de sable, continuant toujours, a donné une nouvelle source à 335 pieds de profondeur. Le sondage, ayant été poussé plus avant, a rencontré une troisième source à 365 pieds de profondeur.

Quand on est parvenu jusqu'à 371 pieds, les sables coulans sont devenus si abondans, que l'on a été obligé de mettre des tuyaux de retenue en tôle : c'est alors que les eaux ont jailli au dessus du sol ; elles ont entraîné une telle quantité de sables, que lorsqu'on a voulu ensuite faire redescendre la sonde, elle s'est trouvée arrêtée à environ 60 pieds de fond. Il a fallu des peines infinies et un travail de près de deux mois pour obtenir l'évacuation complète de ces sables ; cependant on en est venu à bout, et l'on a introduit dans les tuyaux de retenue en tôle, qui ont 5 pouces de diamètre, un nouveau tube d'ascension en cuivre de 3 pouces un quart de diamètre, descendant jusqu'au niveau de la première source : c'est alors que l'eau s'est élevée jusqu'à 21 pieds au dessus du sol où est creusé le puits artésien ; ce qui fait environ 46 pieds au dessus de l'étiage de la Loire.

Le sol sur lequel le sondage s'est arrêté est un grès très vert bien caractérisé ; on a de fortes raisons de croire que si l'on eût encore creusé quelques mètres, on eût atteint le calcaire jurassique.

On s'occupe en ce moment de rechercher les pertes considérables qui doivent exister dans les sables de la Loire, par l'intervalle qui se trouve entre le tube de retenue et les parois du puits, ce tube n'ayant que 5 pouces de diamètre, et le puits ayant été ouvert à 8 pouces, ce qui donne à penser que plus de la moitié de l'eau est actuellement perdue. On cherche, au moyen d'une masse de maçonnerie qui entourera le tube et qui fera corps avec le rocher du fond de la vallée, à remédier à ces pertes et à forcer toute l'eau des sources à passer par le tube d'ascension. Dans l'état d'imperfection où est encore notre puits, il donne par vingt-quatre heures les quantités ci-après :

à 17 pieds 2 pouces. . . . 16560 litres.
à 13 pieds 2 pouces. . . . 21360
à 11 pieds 5 pouces. . . . 29520
à 9 pieds 6 pouces. . . . 33600
à 7 pieds 3 pouces. . . . 40800

Cette dernière hauteur est celle du trop-plein du château d'eau actuel.

à 5 pieds 9 pouces. . . . 46600 litres.
à 3 pieds 10 pouces. . . . 54900
(1)

(1) *Quantité d'eau produite par le deuxième puits placé Tour Charlemagne.*

Le sol est de $0^m,80$ plus élevé que celui de la place Saint-Gratien :

à 7 pieds 3 pouces au dessus du pavé, elle donne. . . . . 86,500 l.
à 9 pieds 6 pouces. 66,900
à 11 pieds 10 pouces. 68,600
à 15 pieds 10 pouces. 52,528
A 20 pieds. 44,680

Cette source donne, à la hauteur nécessaire pour

On est fondé à croire que ces quantités pourront être doublées quand on profitera de l'eau qui se perd en ce moment.

Je vous prie, Monsieur le Président, d'accueillir avec indulgence les détails que j'ai l'honneur de vous adresser ; votre habileté dans les sciences naturelles vous mettra à même de suppléer à mon insuffisance, et en faveur de la vérité des faits, vous me pardonnerez de n'avoir pas présenté mon rapport d'une manière digne d'un savant tel que vous, *sed non licet omnibus.*

Agréez, Monsieur le Président, etc.

FEBVOTTE.

N°. III.

Extrait du Journal politique et littéraire d'Indre-et-Loire, N°. XIV, *jeudi* 3 *février* 1831 (1).

Le puits artésien qui vient d'être percé à Tours, et dont le succès est déjà un phénomène

---

alimenter les plus hautes fontaines de la ville, 66,900 litres d'une eau très pure.

(1) Cette note, par les détails qu'elle contient, nous a paru devoir fixer l'attention de l'Académie des sciences, et nous nous sommes empressés de la lui communiquer.

si remarquable, a présenté, dimanche dernier, 30 janvier, une circonstance des plus extraordinaires, et qui, observée pour la première fois, doit sinon expliquer entièrement la théorie des sources jaillissantes, au moins circonscrire les hypothèses qu'on est encore réduit à faire.

Le tuyau de 3 pouces un quart de diamètre, qui fournissait, au niveau du sol, une quantité d'eau évaluée à 5 pouces et demi de fontenier, ayant été coupé 12 pieds plus bas, le produit s'est trouvé tout à coup augmenté d'un tiers environ, comme on pouvait s'y attendre; mais l'eau, limpide auparavant, recevant ainsi un accroissement de vitesse, amena pendant plusieurs heures, de la profondeur de 335 pieds, une grande quantité de sable fin et beaucoup de débris végétaux et de coquilles. On pouvait y reconnaître des rameaux d'épines longs de quelques pouces, noircis par leur séjour dans l'eau, des tiges et des racines encore blanches de plantes marécageuses, des graines de plusieurs plantes dans un état de conservation qui ne permet pas de supposer qu'elles aient séjourné plus de trois ou quatre mois dans l'eau, et parmi ces graines, surtout celles d'une espèce de caille-lait qui croît dans les marais; on y trouvait enfin des coquilles d'eau douce (*pla-*

norbis marginatus) et terrestres (*helix rotundata* et *helix striata*). Au reste, tous ces débris ressemblent à ceux que laissent sur leurs bords les petites rivières et les ruisseaux après un débordement.

Ce fait est si extraordinaire et si imprévu, que s'il n'eût été observé avec soin, il pourrait être révoqué en doute. Quant à moi, si MM. *Jacquemin* et *Octave Chauveau*, chargés de la direction des travaux, n'eussent eu l'obligeance de m'en rendre témoin, certes je n'eusse pas osé en tirer d'une manière si absolue les conséquences, qui sont : 1°. que l'eau du puits artésien de la ville de Tours n'a pas dû être plus de quatre mois à parcourir son trajet souterrain, puisque des graines, mûres à l'automne, sont arrivées sans être décomposées; 2°. que les eaux n'arrivent point par une filtration à travers des couches de sable, puisqu'elles entraînent des coquilles et des morceaux de bois, mais bien par des canaux plus ou moins irréguliers, formés entre les couches solides, à mesure que les eaux ont entraîné les sables qui remplissaient l'intervalle ; 3°. enfin que l'origine de ces eaux doit être dans quelques vallées humides de l'Auvergne ou du Vivarais, et qu'on s'explique ainsi pourquoi cette eau, qui n'a fait que traverser des canaux sablonneux et non des couches de terre ou de pierres, est presque aussi pure que l'eau de rivière, et ne donne à l'analyse qu'une si faible proportion de matières étrangères.

Les débris de végétaux et de coquilles seront déposés au Cabinet de minéralogie de la ville, et lorsque nous aurons déterminé à quelles plantes appartiennent les cinq ou six espèces de graines que nous avons trouvées, les naturalistes des contrées supérieures du bassin de la Loire pourront peut-être déterminer le point de départ de ces eaux souterraines. DUJARDIN.

N°. IV.

Lettre de M. Dujardin, *professeur du cours de chimie à M. le Maire de Tours:*

Monsieur le Maire,

J'ai l'honneur de vous transmettre le résultat de l'analyse de l'eau du puits artésien, en réponse à votre lettre du 28 novembre, par laquelle vous m'avez chargé de ce travail.

Cette eau, parfaitement limpide, contient une si petite quantité de matières étrangères, qu'elle dissout parfaitement le savon, et peut remplacer pour tous les usages l'eau de pluie ou l'eau de rivière.

Comme toutes les eaux de source, elle contient de l'air et du gaz carbonique, qui s'en dégagent par l'ébullition; elle ne contient ni fer, ni sels magnésiens, ni sels solubles de chaux, qui pourraient lui donner une saveur amère ou dure : les seules substances qu'elle contient en quantité notable sont l'hydrochlorate de soude (sel marin) en très petite quantité, le sulfate de soude et le sulfate de chaux en quantité encore moindre, et enfin le carbonate de chaux en quantité plus considérable que les premières, quoique très faible, et bien moindre surtout que dans l'eau de Saint-Avertin : on conçoit donc qu'elle doit être sans saveur, aussi est-elle aussi agréable à boire que la meilleure eau de rivière ou de source.

Voici le résultat de l'évaporation de 5 litres (10 livres de cette eau) :

On a eu un résidu terreux et salin pesant un gramme 60 (30 grains); ce qui fait 32 cent-millièmes ou 3 grains par livre.

Ce résidu est composé de

	grammes.		grains.
Carbonate de chaux.	1,400	ou	26,60 c.
Hydrochlorate de soude ou sel marin.	0,168	ou	3,15
Sulfate de soude.	0,008	ou	0,15
Sulfate de chaux.	0,002	ou	0,037
Quelques sels en quantité inappréciable et un peu de silice.	0,022	ou	0,63
	1,600	ou	30

Pour mieux remarquer combien cette proportion de matières étrangères est peu considérable, il suffit de considérer l'analyse des eaux des fontaines de Paris. En effet, pour la même quantité d'eau, au lieu de 1 gramme 60, l'eau de Belleville et de Ménilmontant contient 8 grammes 24; celle de la Bièvre, 3 grammes 27; celle d'Arcueil, 2 grammes 33. On peut donc conclure que l'eau du puits artésien est non seulement propre à tous les usages de la vie, mais plus salubre même que celle de Saint-Avertin.

J'ai l'honneur d'être avec respect, etc.

DUJARDIN.

N°. V.

A Monsieur le Vicomte Héricart de Thury, *président de la Société d'Agriculture.*

Paris, le 28 mars 1831.

Monsieur le Président,

Momentanément à Paris, je suis informé que dans plusieurs Sociétés savantes il a été question du puits artésien que nous avons fait établir sur la place Saint-Gratien par M. *Degousée;* M. *Febvotte,* maire de la ville, vous a, par sa lettre du 24 janvier dernier, rendu compte du beau résultat que nous avons obtenu.

Le journal du département, du 15 janvier, a publié une série d'expériences que nous avons fait faire à M. *Degousée,* en présence de MM. *Cormier,* inspecteur divisionnaire, et *de Limi,* ingénieur du département ; les tuyaux des pompes à incendie ont été ajustés sur le tube d'ascension du puits, et par ce moyen on a pu conduire l'eau au château-d'eau, situé sur la place de l'Archevêché ; elle y est arrivée avec la plus grande facilité, malgré les nombreux détours qu'il a fallu faire dans une distance de 120 mètres ; l'eau s'est élevée jusqu'à 6 pieds au dessus de la corniche du château-d'eau, et y est restée stationnaire, ce qui donne une hauteur de 24 pieds au dessus du pavé de la place : ce niveau, pente calculée, est de 4 pouces seulement plus bas que celui observé au puits artésien.

Cette expérience nous a démontré le grand avantage que nous avions à multiplier les puits artésiens dans notre ville pour alimenter tous les quartiers et pour être à même de porter de prompts secours en cas d'incendie ; plus tard, nous en consacrerons à l'agrément : aujourd'hui, celui achevé conduit ses eaux par des tuyaux de plomb qui passent sous le pavé et se rendent du puits artésien au château-d'eau, ce qui a fait croire à plusieurs personnes qu'il ne continuait plus à couler ; je puis vous assurer positivement que, depuis la pose des tuyaux d'ascension jusqu'à ce jour, l'eau est constamment arrivée à la même hauteur et en aussi grande abondance, qu'aucune variation n'a été remarquée.

Des pertes considérables existent à 25 pieds de profondeur entre le tube de retenue et le rocher du fond de la vallée de la Loire ; on conçoit qu'il a été impossible d'ajuster hermétiquement le tube en tôle qui a 5 pouces, dans le trou de sondage qui a été commencé à 8 pouces, et dont les parois sont nécessairement inégales; dans le but de doubler la quantité d'eau qui nous arrive par le tube d'ascension, nous avons fait creuser à 30 pieds de profondeur, avons pénétré de 4 pieds dans le rocher; un glaisage et un maçonnage en chaux hydraulique se font en ce moment, et nous en espérons un heureux résultat. Ce travail a fait observer un phénomène qui doit beaucoup intéresser les amis des sciences naturelles : croyant faire une chose qui vous sera agréable, Monsieur le Vicomte, j'ai l'honneur de vous adresser deux exemplaires du journal du département, du 5 février dernier, dans lequel M. *Dujardin*, professeur de chimie, entre dans des détails du plus haut intérêt.

Dans le commencement de ce mois, le creusage dont je viens de parler étant à sa fin, nous avons fait séparer la portion libre du tuyau d'ascension. L'eau, étant allégée d'une pesanteur de 50 pieds, jaillissait avec beaucoup plus d'impétuosité que de coutume; elle a de nouveau poussé des graines, des branches d'épines, dont quelques unes de 3 et 4 pouces de longueur et de la grosseur d'un tuyau de plume; coupées, on remarquait encore de la verdure dans le bois. Témoin du fait, je puis vous l'attester.

Aussitôt mon retour à Tours, je m'empresserai de vous adresser des échantillons des graines et débris que l'eau rejette chaque fois que l'on diminue la hauteur de la colonne ascendante.

Outre que le sondage de Saint-Gratien a, comme celui que M. *Degousée* fait en ce moment dans la Tour Charlemagne, et qui est déjà à près de 200 pieds de profondeur, été suivi avec soin et zèle par cet entrepreneur, les travaux ont été observés minutieusement par MM. *Jacquemin* et *Dujardin*, qui ont des connaissances étendues et un grand amour pour la science : notre musée leur doit une partie de ses richesses minérales ; les échantillons du sondage ont été classés avec soin.

Je ne terminerai pas sans rendre justice à la persévérance et au tact avec lesquels M. *Degousée* a su surmonter les obstacles toujours renaissans que les sables coulans lui ont présentés à la fin du sondage de Saint-Gratien.

Une lettre de M. *Dujardin*, que nous avons chargé de l'analyse des eaux du puits artésien, est insérée dans le journal du département, du 15 janvier ; elle vous convaincra que nous avons non seulement une eau abondante, mais qu'elle est de la meilleure qualité possible.

J'espère, Monsieur le Vicomte, que notre

puits achevé et ceux que nous faisons faire en ce moment par M. *Degousée* concourront à vous amener un jour dans notre ville ; le détachement des tuyaux supérieurs se fera en votre présence, et vous serez, comme nous l'avons tous été, témoin que l'eau chasse des débris végétaux qui n'ont pas séjourné plus de trois ou quatre mois dans l'eau, et comme les tuyaux d'ascension ont, à partir du sol, 300 pieds de continuité, ces débris viennent nécessairement de dessous la craie.

Agréez, Monsieur, les assurances sincères de ma haute considération.

ALEX. GOUIN,
Adjoint de la mairie de Tours.

N°. VI.

MAIRIE DE TOURS.

Le maire de la ville de Tours certifie que le puits artésien, entrepris, place Saint-Gratien, par M. *Degousée*, a réussi complétement ; il a été constaté que l'eau s'élevait à 21 pieds au dessus du sol.

On soupçonnait une perte entre le tube d'ascension et les parois du rocher : pour aller la chercher, il a fallu faire une excavation de 30 pieds de profondeur : ce travail a été long et difficile, surtout pour se garantir des eaux d'infiltration de la Loire. Les obstacles cependant ont été surmontés, et au moyen de la chaux hydraulique on a tout lieu d'espérer une réussite complète. Pour faciliter l'opération, on a coupé le tube d'ascension au dessous du sol, et l'on a laissé l'eau se répandre dans la fouille et y prendre son niveau naturel. Par ce moyen, on a pu employer la chaux hydraulique dans une masse d'eau tranquille et se croire d'autant plus sûr de l'opération. Aujourd'hui même, les travaux d'épuisement ont été repris, et l'on espère que dans une dizaine de jours tout sera fini.

Quelques personnes ont pu penser que les travaux étaient abandonnés; mais elles étaient dans une complète erreur : il fallait un repos forcé pour donner à la chaux hydraulique le temps de prendre consistance. Il est certain que la quantité d'eau fournie par le puits n'a pas diminué; elle sera au contraire notablement augmentée par les travaux que l'on achève dans ce moment.

Le présent certificat, délivré par nous pour servir et valoir ce que de raison.

Tours, le 28 mars 1831.

Le maire de la ville, membre de la Légion-d'Honneur,

FEBVOTTE.

EXPLICATION DE LA PLANCHE.

Coupe du sondage fait à Tours par J. Degousée.

1, Hauteur de l'eau dans un tube de $0^m,09$ de diamètre intérieur au dessus du niveau du sol de la place Saint-Gratien (8 mètres).
2, Niveau du sol de la place Saint-Gratien.
3, Étiage de la Loire.
4, Première nappe d'eau ascendante.
5, Seconde nappe d'eau ascendante.
6, Troisième nappe d'eau ascendante et jaillissante.

		épaisseur.
a,	Terrain de rapport ou remblai.......	$3^m,60$
b,	Terre végétale alluviale...........	3 ,47
c,	Sable siliceux, gros cailloux de quartz et fragmens de craie surroulés.........	1 ,30
d,	Craie analogue à celle des coteaux de la Loire et contenant les mêmes fossiles.	3 ,25
e,	Marne calcaire jaunâtre...........	1 ,00
f,	Craie compacte, très dure, avec une grande quantité de débris de coquilles.	1 ,40
g,	Grand banc de craie avec rognons de silex, parcelles de mica et débris assez rares de polypiers. La partie supérieure est jaunâtre, la partie moyenne contient des débris de polypiers et des cristaux de sulfure de fer. Le mélange du calcaire avec le silex se fait souvent remarquer, ainsi que le passage de l'un à l'autre ; la partie inférieure est une craie blanchâtre..............	66 ,95
h,	Craie à grains verts avec débris de coquilles, tels que gryphées, huîtres........	4 ,20
i,	Grès calcaire siliceux............	0 ,33

		épaisseur.
j,	Sable calcaire mêlé de grains verts et de quartz, de..................	0^m,65
k,	Grès calcaire très dur................	0 ,65
l,	Sable vert........................	0 ,66
m,	Marne grise avec débris de polypiers....	3 ,25
n,	Grès calcaire......................	0 ,32
o,	Marne argileuse....................	0 ,33
p,	Grès calcaire......................	0 ,16
q,	Marne argileuse....................	2 ,76
r,	Grès calcaire......................	0 ,33
s,	Sable siliceux (huit jours ont été employés à retirer ce qui coulait avec l'eau)...	3 ,25
t,	Grès calcaire......................	0 ,33
u,	Sable vert, très coulant.............	0 ,97
v,	Grès..............................	0 ,08
x,	Sable argileux et compacte...........	1 ,22
y,	Grès calcaire à grains verts..........	0 ,40
z,	Sable argileux compacte avec parcelles de mica..............................	0 ,89
a',	Marne grise à polypiers..............	1 ,66
b',	Grès calcaire coquillier..............	0 ,66
c',	Sable argileux mêlé de mica...........	1 ,33
d',	Marne avec débris de coquilles et grains de gros sables....................	1 ,30
e',	Grès calcaire à grains verts..........	2 ,66
f',	Sable à gros grains (vingt jours ont été employés à les épuiser, et ils se sont souvent élevés de 15 mètres dans le sondage).........................	2 ,70
g',	Argile noirâtre, mêlée de grains de quartz et de débris de coquilles..........	7 ,50
h',	Grès verts.........................	3 ,33
i',	Sables verts très coulans.............	1 ,60
j',	Grès verts très durs................	1 ,00

IMPRIMERIE DE Mme. HUZARD (NÉE VALLAT LA CHAPELLE),
Rue de l'Éperon, n°. 7.

Coupe du sondage fait à Tours, par J. Degousée.

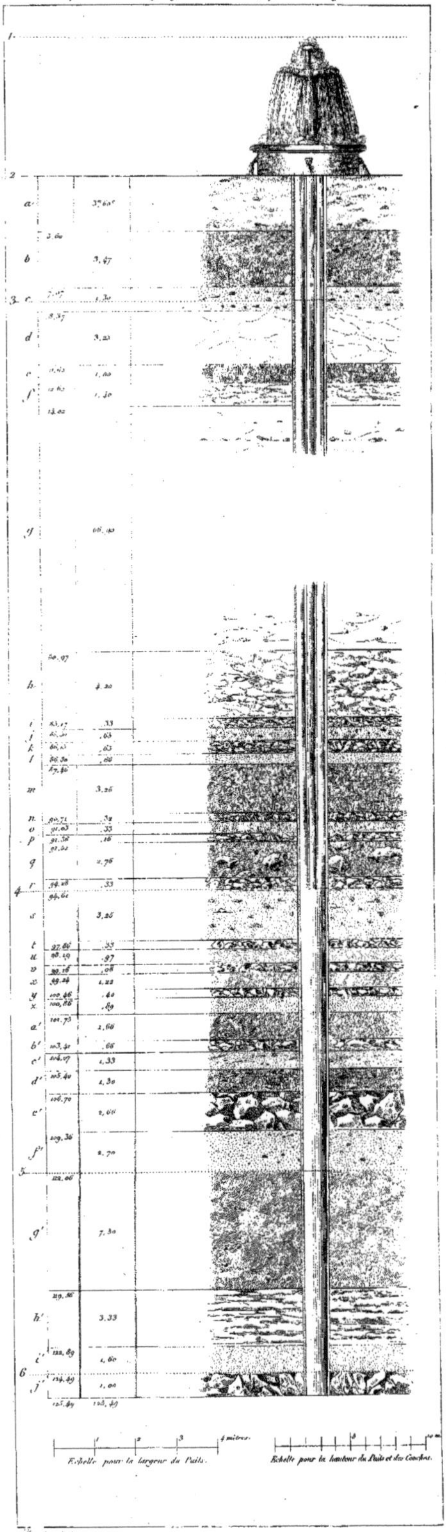

1			
2			
	a		3m 60c
		3,60	
	b		3,47
3	c	7,07	1,30
		8,37	
	d		3,20
	e	11,43	1,00
	f	12,63	1,40
		14,02	
	g		66,40
		80,97	
	h		4,20
	i	83,17	,33
	j	85,50	,63
	k	86,13	,63
	l	86,30	,60
		87,40	
	m		3,26
	n	90,71	,32
	o	91,03	,33
	p	91,36	,16
		91,52	
	q		2,76
4	r	94,28	,33
		94,61	
	s		3,25
	t	97,86	,33
	u	98,19	,97
	v	99,16	,08
	x	99,24	1,22
	y	100,46	,40
	z	100,86	,89
	a'	101,75	1,66
	b'	103,41	,66
	c'	104,07	1,33
	d'	105,40	1,30
	e'	106,70	2,66
	f'	109,36	2,70
5		112,06	
	g'		7,30
		119,36	
	h'		3,33
	i'	122,89	1,60
6	j'	124,49	1,00
		125,49	125,49

1 2 3 4 mètres.

Echelle pour la largeur du Puits.

5 10 m

Echelle pour la hauteur du Puits et des Couches.

Pyron sculp.

www.ingramcontent.com/pod-product-compliance
Ingram Content Group UK Ltd.
Pitfield, Milton Keynes, MK11 3LW, UK
UKHW021130140726
13695UKWH00004B/1820